水果背后的秘密系列

桃子，你从哪里来

温会会 / 编　北视国 / 绘

浙江人民美术出版社

桃子的故乡在中国，它可是土生土长的中华水果，深受大众欢迎。在家喻户晓的《西游记》中，美猴王孙悟空奉玉帝之命看守蟠桃园，却将蟠桃吃得一个都没剩。可见桃子的美味连齐天大圣都无法抗拒。

桃子是一种核果。柔软的果肉包裹着坚硬的果核，果核上布满沟纹，里面有一颗很像杏仁的种子——桃仁。

看起来平平无奇的种子，一旦投入大地母亲的怀抱，就会开始展示神奇的魔法！

桃树的根系深深扎在泥土之下，吸收土壤的养分，供给树干和树冠生长的能量。好棒的小桃树啊！你的努力我们都看到啦！

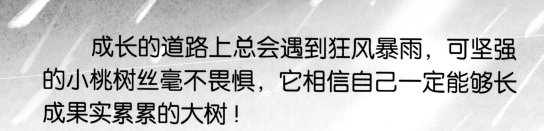

成长的道路上总会遇到狂风暴雨，可坚强的小桃树丝毫不畏惧，它相信自己一定能够长成果实累累的大树！

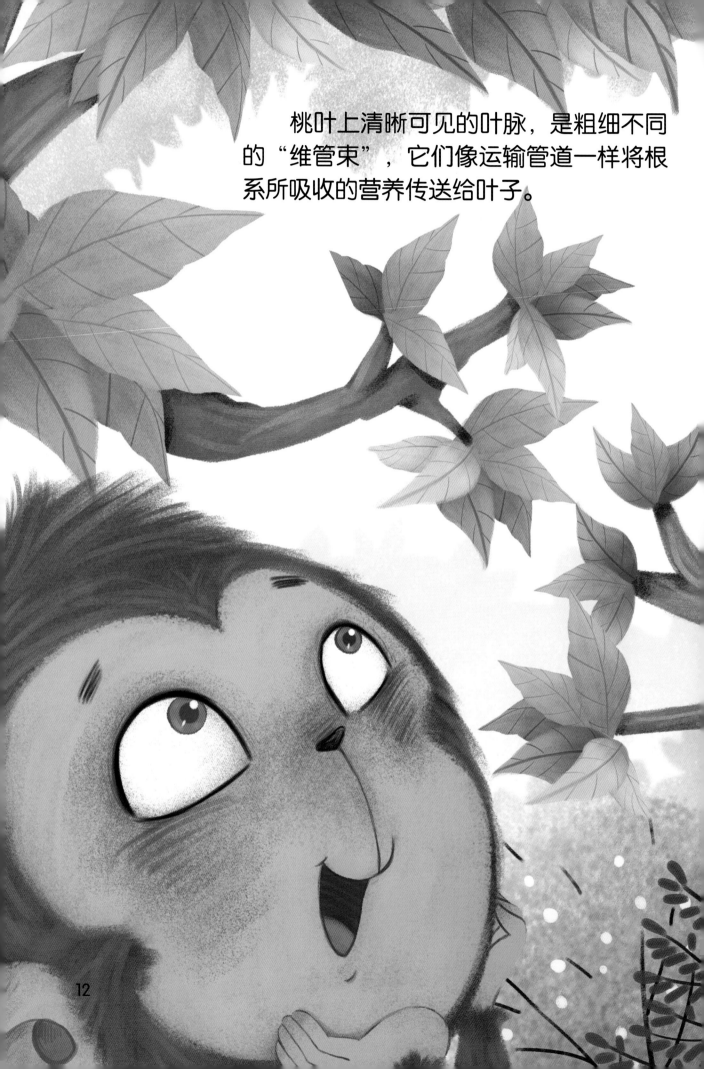

桃叶上清晰可见的叶脉，是粗细不同的"维管束"，它们像运输管道一样将根系所吸收的营养传送给叶子。

12

风儿吹来，桃叶"沙沙"作响，
像在轻轻哼唱着动听的歌谣。

　　春天，桃树开出粉色云霞般的美丽花朵，除了小蜜蜂，蝴蝶也翩翩飞来，流连在一簇簇粉嫩的花丛中。

　　正是踏青的好时节，大家都出来赏桃花啦！

花期过后，毛茸茸的青色小桃子会慢慢长出来，在讨厌的害虫眼里，这可是难得的美味！

小桃子，别害怕！我们来保护你！

夏秋时节，树枝上缀满了水灵灵的大鲜桃，白里透红，散发出沁人的清香。轻轻一咬，满嘴都是甜津津的桃汁，用来款待好朋友再适合不过啦！

秋风瑟瑟，桃树的叶子渐渐掉光了。冬天是桃树的休眠期，好好睡一觉，养足精神，才能在春天到来时再吐露新芽。

20

桃子的品种可多了，有的爽脆可口，
有的甜润多汁，你最喜欢哪种口感？

桃子的表面长有细细的绒毛，有些人碰到后皮肤会过敏，最好请别人帮忙削皮后再食用。

在中国的传统文化中，桃子有福寿吉祥的寓意。
家中长辈过生日时，餐桌上总少不了一盘"寿桃"点心。

又是一年春来到，万物复苏，桃树也"醒"了。它在春风中轻轻摆动枝丫，仿佛在向大家打招呼。

亲爱的小桃树呀，祝愿你在新的一年长得更高更壮，结出更多甜美的果实！

图书在版编目（CIP）数据

　桃子，你从哪里来 / 温会会编；北视国绘 . -- 杭
州 : 浙江人民美术出版社，2022.2
　（水果背后的秘密系列）
　ISBN 978-7-5340-9316-6

　Ⅰ . ①桃… Ⅱ . ①温… ②北… Ⅲ . ①桃—儿童读物
Ⅳ . ① S662.1-49

中国版本图书馆 CIP 数据核字（2022）第 007035 号

责任编辑：郭玉清
责任校对：黄　静
责任印制：陈柏荣
项目策划：北视国

水果背后的秘密系列

桃子，你从哪里来

温会会　编　北视国　绘

出版发行：浙江人民美术出版社

地　　址：杭州市体育场路 347 号

经　　销：全国各地新华书店

制　　版：北京北视国文化传媒有限公司

印　　刷：山东博思印务有限公司

开　　本：889mm×1194mm　1/16

印　　张：2

字　　数：20 千字

版　　次：2022 年 2 月第 1 版

印　　次：2022 年 2 月第 1 次印刷

书　　号：ISBN 978-7-5340-9316-6

定　　价：39.80 元